Bibliografische Information der Deutschen Nationalbibliothek

Die Deutsche Nationalbibliothek verzeichnet diese Publikation in der Deutschen Nationalbibliografie; detaillierte bibliografische Daten sind im Internet über http://dnb.d-nb.de abrufbar.

© Copyright 2008, Barbara Retur

Herstellung und Verlag:
Books on Demand GmbH, Norderstedt

ISBN-13: 978-3-8370-7358-4

Barbara Retur - Erzählung

Roulette
Gewinne mit technischer Hilfe

Die Wahrheit zur Gewinn-
optimierung beim Roulettespiel

Vorwort

Vor einigen Jahren befand sich Peter S. am Wendepunkt seines Lebens. Kurz vor seinem 40. Geburtstag beschloss er, in Zukunft sein Geld auf einfache und angenehme Art und noch dazu steuerfrei zu verdienen. Heute lebt er in einer 500-Qudratmeter-Finca auf Lanzarote und erinnert sich gern zurück an eine Zeit voller Anspannung, aber auch voller Spaß und großer Erfolge. Aus verständlichen Gründen bleibt er anonym. Mit seiner Lebensgeschichte zeigt er, dass es immer eine Möglichkeit gibt, seine Träume zu erfüllen - man muss es nur wirklich wollen und intensiv nach dem richtigen Weg suchen. Er hat seinen Weg gefunden und möchte anderen Mut machen, es ihm gleichzutun und ihre persönlichen Ziele zu erreichen.

Es gibt immer einen Weg, auch oder gerade für Sie, und kaum ein Wunsch ist unerreichbar, sofern er materieller Natur ist. Geld allein macht zwar nicht glücklich, aber „es regiert die Welt" und macht so vieles ein bisschen einfacher und unbeschwerter. In diesem Sinn wünschen wir Ihnen eine anregende Lektüre und viel Erfolg beim Verwirklichen Ihrer Träume.

Wie alles begann

Vor einigen Jahren wachte Peter S. eines Morgens auf und erkannte, dass es so nicht mehr weitergehen konnte. Die nächste Reparatur seines Porsche würde seine finanziellen Reserven erheblich minimieren und der geplante Urlaub war in Frage gestellt. Jeden Tag im Büro, und dann sollte er tatsächlich seinen Urlaub wegen dieser sinnlosen Tagung ausfallen lassen - wozu? Viel Geld verdienen und sich seine Arbeitszeit frei einteilen, womöglich noch an den schönsten Orten der Welt arbeiten - sollte das für immer ein Traum bleiben?

An diesem Tag blickte er zurück auf das, was er bisher erreicht hatte. Gewiss, die Eigentumswohnung in guter Lage, der Porsche vor der Tür, einen großen Freundeskreis und ein paar weitere Annehmlichkeiten waren mehr als das sogenannte „Mittelmaß". Der Blick hinter die Fassaden offenbarte jedoch wenig erfreuliches. Die Finanzierung der Wohnung, angezahlt mit der Erbschaft der Großeltern, hing an einem seidenen Faden - nicht zuletzt aufgrund der ständigen Ausgaben für kostspielige Freundinnen. Für eine echte Beziehung fehlte ihm die Zeit. 70 Stunden Arbeit in der Woche, oft auch am Wochenende - das machte keine Partnerschaft länger mit. Und das Geld glich diesen Verlust auf Dauer nicht aus, reichte sowieso hinten und vorne nicht. Und jetzt auch noch das Auto!

Es wurde Zeit, eine Lösung für diese prekäre Situation zu finden. Er ging auf die 40 zu und hatte keine Lust, für den Rest seines Lebens aufs Geld zu schauen und für diese Ausbeuter seine Zeit zu opfern.

Vieles hatte er im Laufe der Zeit schon versucht, um seinem Glück etwas auf die Sprünge zu helfen. Begonnen hatte alles mit Lotto und Losbrieflotterien, auch Lottosysteme und Tippgemeinschaften hatte er ausprobiert. Doch irgendwann machte sich die Erkenntnis breit, dass bei einem Spiel mit einer Milliardstel Chance das Warten auf das „Große Los" wohl etwas lange dauern würde.

Peter war schon immer ein experimentierfreudiger Mensch und so kam es, dass er bei einem Besuch in Hamburg der Einladung eines Freundes, mit ihm in die Spielbank zu gehen, nicht widerstehen konnte. Er ließ sich von ihm die Regeln des Roulette erklären und setzte einfach drauf los, so zum Spaß. Wie es bei Neulingen oft ist, gewann er sogar so viel, dass es für ein fürstliches Abendessen reichte. Das war es! Das man so leicht sein Geld verdienen konnte, warum war er nicht schon früher darauf gekommen?

Aber sein Verstand sagte ihm, dass es ganz so einfach dann doch nicht sein konnte. Hinter jeder Art des Geldverdienens steckt Arbeit und Vorplanung. Diesen allgemeinen Grundsatz kann man tatsächlich für jede Art der regelmäßigen Geldeinnahme ansehen, alles andere ist wie in diesem Fall am allerersten Abend - Anfängerglück.

Am nächsten Wochenende nahm er die „Welt am Sonntag" zur Hand. Unter den Kleinanzeigen fand er, was er suchte. Versprachen doch gleich mehrere Inserate „Roulettegewinne steuerfrei", „Roulette-Sieg mit System" und ähnliches. Er wurde neugierig. Die Informationsanforderung war schnell abgeschickt und er wartete gespannt, was als nächstes geschehen würde.

Nach ein paar Tagen fanden sich einige mehr oder minder professionelle Angebote in seinem Briefkasten. Die Preise für die mit tollen Stories und großen Versprechungen angepriesenen Systeme schwankten zwischen 200 und 3.000 Euro. Aber es waren auch verlockende Angebote darunter - Subskriptionspreise und Angebote für „treue Kunden". Als solcher fühlte er sich zwar nicht unbedingt, aber 20% Rabatt - einen Versuch war es wert.

Vieles klang sehr abenteuerlich, aber ein Werk erschien ihm plausibel und logisch nachvollziehbar. Auch die beigefügte Statistik sah sehr viel versprechend aus, also füllte er den Bestellschein aus. Und tatsächlich, nach einer Woche erhielt er das bestellte System - per Nachnahme, nicht wie angefordert auf Rechnung. Aber seine Neugier war zu groß, als dass er sich davon hätte abhalten lassen. Außerdem stand in der Werbung etwas von Geld-zurück-Garantie bei Nichtgewinn-Nachweis, was sollte also schon schief gehen. Eine kleine Investition in die Zukunft war wohl nötig.

Die Aufmachung des „Systems" war annehmbar - er sollte im Laufe der Zeit Schlimmeres zu sehen bekommen -, aber für fast 500,- € doch etwas dürftig. Aber wichtig war schließlich der Inhalt und die Möglichkeit, die Chancen am Spieltisch zu beeinflussen. Interessiert schlug er das Werk auf. Der Inhalt bestand aus eine Latte von Regeln, nach welchen Kombinationen was zu erwarten war und seitenweise Zahlenkolonnen, sog. Permanenzen, anhand derer man das System nachvollziehen sollte. Auch im Casino müsse man sich während des Spiels Notizen machen und diese nach den Regeln des Systems auswerten, um bei Eintreffen bestimmter Konstellationen seine Einsätze zu tätigen - puh, das war komplizierter als er sich es vorgestellt hatte. Er versuchte, die Regeln anhand der dargestellten Beispielpartien nachzuvollziehen und sich einzuprägen.

Am folgenden Wochenende war es soweit - der Besuch im Casino, das Peter als Gewinner zu verlassen gedachte. Als er begann, sich Aufzeichnungen auf seinen Zettel zu machen, fühlte er sich von allen Seiten beobachtet. Er wurde unsicher, obwohl er nicht der einzige war, der auf diese Weise sein Glück zu beeinflussen versuchte. Trotzdem setzte er an diesem ersten „Systemabend" nur ein paar mal und verließ den Saal bald wieder, ohne ein nennenswertes Ergebnis erzielt zu haben. Doch es sollte nicht das letzte Mal gewesen sein.

Zu Hause angekommen, ärgerte er sich über seine Unsicherheit. Was tat er schon Verbotenes, die Spielbanken selbst stellten schließlich die Permanenzen und Notierkarten zur Verfügung? So etwas sollte ihm nicht noch einmal geschehen.

Bei seinem nächsten Besuch war er wesentlich ruhiger, nach ein paar Anfangsschwierigkeiten lief die Sache gut und begann sogar ein bisschen Spaß zu machen. Er beendete das Spiel nach zwei Stunden mit einem ansehnlichen Stückgewinn und genoss an der Bar noch einen Cocktail auf seinen Erfolg. Da er nur mit 10€-Jetons gespielt hatte, war das Ergebnis nicht allzu berauschend. Aber das sollte sich bei seinen nächsten Besuchen ändern. Er war von der Wirksamkeit des Systems überzeugt, warum sich eigentlich mit Peanuts begnügen? Das nächste Mal wollte er richtig Geld verdienen.

Bei seinem nächsten Besuch spielte Peter mit 50€-Jetons. Nach einiger Zeit beschlich ihn das Gefühl, von allen Seiten beobachtet zu werden. Die Croupiers schienen ihn ganz besonders zu observieren und auch manche Gäste sahen häufig zu ihm herüber. Nervös gab er ein größeres Trinkgeld von seinem nächsten Gewinn. Doch heute lief es nicht so wie beim letzten Mal. Obwohl er nichts anders machte, wollten die gesetzten Chancen einfach nicht kommen - woran lag das nur? Nach drei Stunden war er deutlich im Minus. Das schien heute nicht sein Tag zu sein, also beschloss er schweren

Herzens, das Spiel zu beenden. Bei der anschließenden Abrechnung stellte er fest, dass sein heutiger Verlust die Gewinne der ersten drei Besuche um fast 300,- € überstieg. Dieses Geld musste er sich unbedingt wiederholen! Die Spielbank sollte gegen ihn keine Chance haben, noch dazu mit einem todsicheren System. Er hatte wohl doch irgendwo einen Fehler gemacht, eine Zahl falsch aufgeschrieben oder zugeordnet.

Wieder zu Hause, verglich er seine Aufzeichnungen aus dem Casino mit den Regeln des Systems. Nein, er hatte alles richtig aufgeschrieben und dass er so viele Zahlen am Tisch und von der Permanenzanzeige falsch übernommen hatte, mochte er selbst nicht so recht glauben. Was war nur geschehen? Hatte er am Ende vor Nervosität falsch gesetzt? Bei seinem nächsten Besuch würde er noch genauer aufpassen, das sollte ihm nicht noch einmal passieren!

Vor seinem nächsten Besuch sah er sich die Regeln nochmals genau an. Er wollte schließlich Geld verdienen und es nicht der Spielbank in den Rachen werfen! Zuversichtlich betrat er kurz darauf den Saal und suchte sich einen nicht zu stark besetzten Tisch. Schon bald erhielt er das erste Satzsignal und platzierte erwartungsfroh seinen Einsatz auf Rot. Bei der Absage des Chefcroupiers „Rien né va plus - Nichts geht mehr" blickte er erwartungsvoll in Richtung Kessel. Die Kugel rollte aus und blieb in einem Fach liegen: 31 - Schwarz! Das konnte doch nicht wahr sein. Zwar enthielt die Systemschrift sehr wohl den Hinweis, dass nicht jeder Coup ein Treffer sein würde, aber das gleich der erste danebenging und noch dazu auf Schwarz - er würde sich sicherheitshalber einen anderen Tisch suchen. Das Fiasko vom letzten Mal sollte sich heute nicht wiederholen.

Eine Weile ging er auf und ab, schließlich entschloss er sich für Tisch Nr. 3. Die 3 war schon immer seine Glückszahl gewesen, der Tag seiner Geburt. Und tatsächlich schien er Erfolg zu haben, die ersten drei Satzsignale brachten den erhofften Gewinn. Entspannt lehnte er sich zurück, so gefiel ihm die Sache. Das nachfolgende Auf und Ab beunruhigte ihn nicht sonderlich, derartiges war er inzwischen ja gewohnt - als halber Profi sozusagen. Doch auch an diesem Abend sollte Fortuna ihm nicht gewogen bleiben. Er verlor und verlor, bis er schließlich einen fünfstelligen Betrag verspielt hatte und kein Geld mehr übrig war. Enttäuscht verließ er das Casino. Auf dem Weg hinaus nahm er sich jedoch noch die Permanenzausdrucke der letzten Tage mit (die jede gefallene Zahl von jedem Tisch kontinuierlich aufzeichnen), um den Verlauf zu Hause in Ruhe nachvollziehen zu können. Auch die Garantie des Verkäufers, der „Nichtgewinn-Nachweis" ging ihm durch den Kopf.

In den nächsten Tagen verbrachte er viel Zeit damit, das System anhand der Permanenzen nachzuprüfen. Er rechnete vor und zurück, aber ein richtiger Gewinn entnervt wollte sich nicht einstellen. Die Ergebnisse waren jedoch auch nicht so schlecht, um die für den Umtausch geforderte Verlustgrenze zu erreichen. Schließlich gab er auf und verbuchte diesen Vorgang unter „unliebsame Erlebnisse". Man konnte nicht immer Glück haben.

Natürlich war dies nicht das letzte System, das er erwarb. Die Hoffnung auf leicht verdientes Geld ließ ihn nichts unversucht lassen. Auch an Spielgemeinschaften sollte er sich noch beteiligen, jedoch würde auch dieses Engagement zum Verlust des eingesetzten Kapitals führen. In manchen Fällen keimte in ihm sogar der Verdacht, die Initiatoren dieser Gruppen würden gar nicht wirklich Roulette spielen, sondern hätten nur eine einfache Möglichkeit gesucht und gefunden, leicht an das Geld anderer Leute zu kommen. Und auch wenn Auswertungen tatsächlicher Spiele verschickt wurden, führte das Spielergebnis im Lauf der Zeit zu immer höheren Verlusten oder die Gemeinschaften und deren führende Köpfe waren von einen Tag auf den anderen verschwunden.

Mit der Zeit verlor er seine Illusionen, so leicht an Geld zu kommen. Der Gedanke, mit Roulette Geld verdienen zu können, hatte sich aber in seinem Kopf festgesetzt und ließ ihn nicht mehr los, obwohl er durch Systemkäufe und Verluste im Casino bereits mehr als 10.000,- € verloren hatte.

Träume und unerfüllte Wünsche

In den Monaten, in denen er sich intensiv mit der Materie Roulette beschäftigt hatte, waren die Arbeit und das Privatleben auf der Strecke geblieben. Jetzt spürte er den ungeheuren Termindruck, der auf ihm lastete. Der Entwurf für einen guten Kunden musste diese Woche unbedingt fertig werden und das war nicht das einzige. Auch seine Freunde lagen ihm seit Tagen in den Ohren, hatten ihn gar schon für „verschollen" gehalten.

Die Reparaturkosten des Porsche übertrafen seine schlimmsten Befürchtungen. Also stürzte er sich in die Arbeit und verbrachte die wenige freie Zeit mit seinen Freunden in Szenekneipen. Es fehlte ihm plötzlich die Zeit, um an Roulette zu denken. Dieses Thema würde er auch so schnell nicht mehr offen diskutieren. In seiner ersten Euphorie hatte er einigen Bekannten von seinem Vorhaben erzählt und musste sich anschließend Fragen über seinen Geisteszustand gefallen lassen. Den Spott wollte er nach seinem Scheitern nicht auch noch ertragen müssen. Und dennoch ließ ihn der Gedanke nicht so ganz los. Daher landete alles, was er in dieser Zeit an Informationen und Werbung zum Thema Glücksspiel bekam, in einer großen Kiste. Wenn er wieder etwas Luft hatte, wollte er sich mit diesem Thema nochmals eingehend beschäftigen.

Irgendwie wurde der Auftrag doch noch termingerecht fertig und der Kunde war von seinen Entwürfen begeistert. Auch sein Chef war hocherfreut und mit der Zusatzprämie konnte er die Reparatur endlich begleichen und die Spielverluste einigermaßen ausgleichen. Es ging wieder aufwärts. Vielleicht hatte er es im Leben doch ganz gut getroffen!

Seine positive Stimmung beeinflusste auch sein Privatleben. Beim Besuch einer neuen In-Disco amüsierte er sich köstlich über das hypergesteilte, megawichtige Publikum, das sich vor lauter Affektiertheit kaum noch bewegen konnte.

Eine Ausnahme machte aber am Rand der Tanzfläche eine junge Frau, vielleicht Ende Zwanzig und sehr attraktiv. Immer wieder blickte sie herüber, lächelte und zeigte ihr Amüsement über das, was auf der Fläche so vor sich ging. Schließlich blinzelte sie ihm aufmunternd zu. Er sah sich um. Konnte es sein, dass dieses Wesen tatsächlich ihn meinte? Aber niemand neben ihm schien zu reagieren und seine Kumpel diskutierten gerade heftig über die Qualität der Cocktails und ähnlich tiefgründige Dinge. Langsam schlenderte er von der Gruppe weg, das Glas cool in der Hand. Bloß nicht zeigen, wie sehr er an ihr interessiert war - die Blamage würde er sich ersparen. Doch die Sympathie schien tatsächlich gegenseitiger Natur zu sein.

Sie trafen sich in der Mitte. Er räusperte sich und wusste im ersten Moment nicht, was er eigentlich sagen sollte - so etwas war im schon lange nicht mehr passiert, normalerweise hatte er in solchen Situationen immer einen flapsigen Spruch auf den Lippen. Doch da ergriff sie schon das Wort. Erleichtert ließ er sich auf das Gespräch ein und im Lauf des Abends wurden die Themen tiefschürfender und eindeutiger. Weit nach Mitternacht verließen sie zusammen die Bar.

Als er am nächsten Morgen aufwachte, zog bereits ein verführerischer Kaffeeduft durch seine Wohnung. Claudia saß bereits am Frühstückstisch und schlürfte genüsslich an ihrem Milchkaffee, als er aus dem Bad kam. So musste der Tag beginnen, dann konnte doch gar nichts mehr schief gehen! Nach einem ausgiebigen Frühstück machte Peter sich gutgelaunt auf den Weg zur Arbeit.

In seiner Hochstimmung ging ihm alles leicht von der Hand. Er genoss das Leben in vollen Zügen und war - vielleicht zum ersten Mal im Leben - so richtig glücklich. Nebenbei flammte auch sein Interesse für Roulette wieder auf und er bestellte das eine oder andere System, teils nur aus Interesse, teils um hin und wieder sein Glück zu versuchen. Auch an ein paar Spielgemeinschaften beteiligte er sich, jedoch mit sehr geringem Erfolg. Die frustrierenden Erlebnisse warfen ihn immer wieder zurück, doch mit der Unterstützung von Claudia überstand er alle Rückschläge.

Mit der Zeit bestimmte jedoch mehr die Neugier das Interesse für derartige Schriften und nicht die Sucht nach Geld. Aber ganz begraben konnte und wollte er die

Hoffnung, eines Tages doch das todsichere System zu finden, nicht.

Eines Abends, als sie nach dem Essen bei einem Glas Wein zusammensaßen, fragte ihn Claudia unverblümt „Sag mal, warum gibst Du eigentlich für diese Roulettesysteme so einen Haufen Geld aus?" Sie erzählte ihm von einem Bekannten, der sich ebenfalls seit längerer Zeit mit Roulette beschäftigte. Er sei Mathematiker und habe sein Glück ebenfalls bei gekauften Systemen gesucht. Mit der Zeit sei er jedoch zu der Einstellung gelangt, dass dies nur den Anbietern der dubiosen Werke Glück und Erfolg bringt. Er habe auch selbst das eine oder andere Grundsystem entwickelt, aber nichts funktioniere auf Dauer. Im Moment sei er einer Sache auf der Spur, über die er nichts sagen wolle. Er suche aber einen Finanzier, der ebenso wie er an steuerfreien Gewinnen interessiert ist und auch bereit ist, ein Risiko einzugehen.

Er war neugierig geworden, schließlich war er ja auf der Suche nach einer Roulette-Lösung - und das diese nicht im konventionellen Bereich liegen konnte, war auch ihm inzwischen ziemlich klar geworden. Claudia schlug vor, ein Treffen zu arrangieren. Dieser Vorschlag hätte auch von ihm kommen können und so traf man sich einige Tage später zum Essen.

Dieses Treffen sollte der Beginn einer erfolgreichen Zusammenarbeit sein - eine schicksalhafte Begegnung.

Wie sich herausstellte, handelte es sich bei dem Fremden um einen Mathematiker, der sich ebenfalls seit längerer Zeit mit der Faszination des Roulette befasste. Auch er kannte diverse Systeme und deren Schwachstellen. Daneben besaß er jedoch umfangreiche physikalische und mathematische Kenntnisse, mit Hilfe derer er eine sinnvolle Möglichkeit finden wollte, den Zufall zu besiegen und für seine Zwecke nutzbar zu machen.

Eine schicksalhafte Begegnung

Zu Anfang war die Situation ziemlich angespannt, keiner wusste so recht wo er beginnen sollte. Schließlich fing Martin, der Mathematiker, an von seinen bisherigen Erfahrungen und Plänen zu berichten. Glücksspiele und insbesondere Roulette hätten ihn schon in der Schulzeit interessiert, der Faszination der Stochastik könne man sich nicht so ohne weiteres entziehen. Daher habe er sich auch während seines Studium mit den Möglichkeiten der Wahrscheinlichkeitsrechnung auseinandergesetzt. Daneben interessierten ihn Computer von Beginn an und auch physikalische Anwendungen der Stochastik erregten seine Neugier.

Am Anfang hätte er sich auch mit Lotto und Lotterielösungen beschäftigt. Deren geringes Ausschüttungsvolumen im Verhältnis zu den Spieleinsätzen würde den Spieler jedoch dermaßen benachteiligen, dass selbst mit einem guten System kein wirklicher Erfolg erreichbar war. Auch die eigentliche Gewinnchance sei viel zu gering, um auf dieser Basis etwas entwickeln zu können.

Bei einem Besuch im Casino sei ihm aufgefallen, dass die Kugel in vielen Fällen ein ähnliches Sprungverhalten zeigte, je nachdem welche Rhombe getroffen wurde. Dabei sei ihm die Idee gekommen, dass auch das Ereignis des Roulette-Coups physikalisch vorher bestimmbar sein müsste, wenn man nur die Anfangsbedingungen genau genug bestimmten konnte. Ähnliches hatten Kesselgucker schon seit langer Zeit gemacht, nur benötigte man hierzu extrem viel Übung und wohl auch eine starke Intuition, die sich nicht unbedingt lernen ließ. Doch warum sollte sich mit den heutigen technischen Möglichkeiten nicht eine Hilfskonstruktion bilden lassen, die diese Intuition quasi „ersetzen" könne und sich somit leicht einsetzen lassen würde?

In diesem Moment hatten sich zwei verwandte Seelen gefunden, die sich zudem in praktischer Hinsicht optimal ergänzten. Auf der einen Seite das nötige Kapital für eine vernünftige Entwicklung - oder zumindest die Möglichkeit, es zu beschaffen -, auf der anderen die Fachkompetenz und Tüftelfreude, wie sie für ungewöhnliche Lösungen zwingend erforderlich ist.

Peter war sehr interessiert. Dieser Ansatz schien endlich die erhoffte Lösung des Roulette-Problems zu sein. Die notwendigen Umweltbedingungen zu erfassen stellte aus seiner Sicht keine sonderliche Schwierigkeit dar. Sicher, die Umsetzung und Tests würden eine gewisse Zeit brauchen und auch Geld kosten - dennoch fühlte er sich seinem Ziel so nah wie noch nie zuvor.

Am nächsten Wochenende zeigte Martin Peter das, was er bisher erreicht hatte. Bisher bestand die Idee hauptsächlich aus ein paar Zahlen und Programmen sowie einem alten Roulette-Kessel, den Martin durch Zufall erstanden hatte. Das war zwar noch nicht viel, aber immerhin ein Anfang und dieser Kessel sollte die beiden die nächsten Jahre begleiten und ihnen so manche freudige und auch frustrierende Erlebnisse bescheren.

Peter war natürlich neugierig, wie Martin auf diese doch nicht alltägliche Idee gekommen war. Martin erzählte es ihm. Er war einige Zeit lang regelmäßiger Gast in der Spielbank Baden-Baden gewesen und hatte dort den einen oder anderen Hunderter verspielt. Daneben beobachtete er aber auch die anderen Gäste, um vielleicht Hinweise auf ein funktionierendes System zu erhalten. Bei mehreren seiner Besuche war ihm ein Spieler aufgefallen, der offensichtlich kaum oder manchmal überhaupt nicht spielte, sondern nur von Tisch zu Tisch ging und das Spielgeschehen, insbesondere den Kessel und die Croupiers, aufmerksam beobachtete. Was ging in diesem Menschen vor? Wer war er und was wollte er erreichen? Als dieser seltsame Gast eines Abends an der Bar saß, setzte er sich neben ihn und versuchte ein Gespräch zu beginnen. Sein Gegenüber gab sich jedoch sehr einsilbig und verschwand kurz darauf eilig. Seitdem hatte er ihn nie wieder gesehen. Er schien ein Geheimnis gehabt zu haben, das er mit niemandem zu teilen bereit war, zumindest nicht mit einem fremden Casinobesucher. Doch diese Begegnung hatte ihn sensibel für das eigentliche, physikalische und ballistische Spielgeschehen werden lassen. Und mit der Zeit und durch ausführliche Beobachtungen hatte er gewisse Regelmäßigkeiten feststellen können. Diese auswertbar zu erfassen und in Gewinne umzumünzen, sei sein Ziel.

Auch hatte er schon von ähnlichen Lösungen, teils aus Amerika gehört, deren Erfinder das scheinbar Unmögliche geschafft hatten - den Sieg über den Zufall! Warum sollte das nicht auch hier gelingen? Nur fehlten ihm für seine weiteren Entwicklungen die finanziellen Mittel und deshalb hatte er sich in seinem Bekanntenkreis nach einem potenten Partner umgesehen. Claudia hatte ihm den entscheidenden Tipp gegeben und so säßen sie jetzt hier beisammen.

Bei den letzten Sätzen horchte Peter auf. Warum, wenn es schon Lösungen gab, sollte man selbst das Rad nochmals neu erfinden? Zumal der Entwicklungsaufwand, den Martin aufgezeigt hatte, seinen finanziellen Rahmen doch erheblich belasten würde.

Das sei teilweise richtig, meinte Martin. Es sei aber nicht möglich, einfach eine andere Lösung zu übernehmen. Erstens unterscheide sich das Spiel in Amerika von dem in Europa, so dass die eine Lösung nicht am anderen Ort eingesetzt werden könne, ohne drastische Veränderungen vorzunehmen. Zum anderen, und das sei wohl das entscheidende, gäbe er für solche Geschichten keine Beweise und erst recht keine Adressen. Der Einsatz technischer Geräte in amerikanischen Casinos sei verboten und schon aus diesem Grund würde jemand, der eine Lösung gefunden hätte und sie vielleicht - illegal - selbst verwendete, dies wohl kaum jemand anderem mitteilen. Nein, er verlasse sich lieber auf seinen eigenen Kopf. Und, wenn Peter auf einmal Bedenken bekommen würde, würde er die Sache halt ohne ihn machen - irgendein Geldgeber würde sich schon finden lassen.

Das wollte er natürlich nicht, dazu war Peter an dem zu erwartenden Ergebnis viel zu interessiert. Also beruhigte der den aufgebrachten Martin und schlug vor, erst mal ein Bier trinken zu gehen, um die Gemüter zu beruhigen. Gemeinsam brachen sie auf.

Der lange Weg zum Ziel

In den folgenden Monaten führte Martin Peter in die theoretischen Hintergründe der Ballistik ein. Abwurfzeitpunkt, Kollision, Sprungverhalten, all das waren für ihn bald keine Fremdwörter mehr, sondern vertraute Begriffe, hinter denen sich faszinierende Welten auftaten. Nie hätte er gedacht, dass Physik derart spannend sein konnte!

Die Kosten für Geräte, Computer, Kameras stiegen stetig, aber da er den größten Teil seiner Freizeit am Kessel oder beobachtend in Spielbanken verbrachte, kam Peter ganz gut zurecht. Zudem zeigte sich, dass Martin ein begnadeter Bastler war und so entstand manches in Eigenregie. Immer wieder zeigten sich kleine Erfolge, doch genauso oft folgte die Ernüchterung auf dem Fuße. Es war, als wäre das Ziel der Mittelpunkt einer großen, wabernden Wolke, die sich jedem Zugriff widersetzte und ständig ihre Form und Position änderte. Mehr als einmal wollten die zwei Freunde aufgeben, doch immer wieder erlagen sie der Faszination und dem Erfolg, der manchmal greifbar nah schien.

Die ersten wirklichen Erfolge erzielten sie am Ende einer mehrere Monate dauernden Tiefphase, kurz bevor sie endgültig aufgeben wollten. Fast erstarrt blickten beide auf die Auswertungen, die der Drucker ausgespuckt hatte. Tatsächlich, sie schienen mit ihren Berechnungen endlich auf dem richtigen Weg zu sein. Das musste gefeiert werden! Also luden sie kurz entschlossen ihre Freundinnen zu einem 7-Gänge-Menü ein und gönnten sich ein paar freie Tage.

Ein wichtiger Schritt war geschafft. Doch bis zum endgültigen Erfolg war es noch ein langer und steiniger Weg, das sollten sie bald merken. Im Moment existierte die Lösung ja nur im PC mit all seiner Rechengeschwindigkeit und großem Speicherplatz. Doch konnte man ja schlecht ins Casino einen Rechner mitnehmen und neben dem Spieltisch aufbauen. Also musste die Lösung irgendwie umgebaut werden, um möglichst klein und handlich zu sein.

Gleichzeitig sollte sie aber einen längerfristigen Einsatz ermöglichen, d.h. die entsprechende Akkukapazität musste auf jeden Fall bereitgestellt werden. Und Akkus sind schwer und brauchen bekanntlich Platz. Das nächste Problem war, das Satzsignal unauffällig an den Spieler auszugeben - eine Leuchtanzeige über aller Köpfe war sicher nicht der richtige Weg.

Wie konnte man überhaupt die Ausgangsdaten des jeweiligen Coup in den Computer bekommen? Am eigenen Kessel war es kein Problem gewesen, alle Zeiten genau zu erfassen, ebenso die Bedingungen des Umfelds. Nach einigen weiteren Versuchsreihen stellte Martin fest, dass es reichte, ein paar bestimmte Punkte zu erfassen. Aus diesen Daten konnten fast ebenso gute Prognosen bezüglich des Ergebnisses gestellt werden wie aus den vollständigen Daten. Ein weiterer Vorteil dieses Vorgehens war, dass die Umweltbedingungen nicht mit erfasst werden mussten. Dies würde die Handhabbarkeit in der Praxis wesentlich erleichtern.

Auch die korrekte Durchführung der notwendigen Messungen und das gleichzeitige Setzen am Tisch führte zu Problemen, wie erste Tests in der Praxis zeigten. Die Software war zu Beginn sehr störanfällig, die Eingabedaten mussten daher so exakt wie nur möglich sein. Stand man nah genug am Kessel, um einen guten Blick zu haben, so war es kaum möglich seine Einsätze zu tätigen, ohne sich jedes Mal groß bewegen zu müssen. Stand oder saß man dagegen nah am Tisch, hatte man keinen optimalen Blickkontakt mehr zu Kessel und Kugel mit der Folge, dass die Eingaben ungenau wurden und sich die Ergebnisse dramatisch verschlechterten.

Wieder einmal war vor allem Martin kurz davor, alles hinzuwerfen. Doch Peter schaffte es immer wieder, ihn zu motivieren weiterzumachen. Sie waren nun schon so weit gekommen, das Ziel quasi schon sichtbar - und er wollte es auf jeden Fall erreichen. Zuviel Geld und Zeit hatte er schon in dieses Projekt investiert, als das er jetzt einfach so aufhören wollte.

Das Problem von getrennter Messung und Einsatz ließ sich relativ leicht lösen. Da sie zu zweit waren, konnte jeder eine Aufgabe übernehmen. Martin, der technisch geschicktere, übernahm die Messungen und Peter, der am Spieltisch die notwendige Ruhe besaß, würde die Einsätze tätigen. Sie hatten sich geeinigt, nicht auf einzelne Zahlen, sonder auf Zahlengruppen bzw. Kesselsektoren zu spielen. Nur so war ein praktisches Spiel möglich, mit all den Ungenauigkeiten bei der Messung und der stark begrenzten Zeitdauer, die für die Berechnung und Ermittlung des Satzsignals zur Verfügung stand. Vom Abwurf der Kugel durch den Wurfcroupier bis zur Absage „Rien ne va plus" durch den Tischchef waren es maximal ein paar Sekunden und die Rechenleistung der Prozessoren setzte der Genauigkeit hier strikte Grenzen. Die Übermittlung des Satzsignals erfolgte durch ein ausgeklügeltes System, hier hatte Peter den berühmten Geistesblitz gehabt. Und schlussendlich war ja auch er es, der mit den Signalen etwas anfangen musste.

Auf diese Weise war der Winter vergangen, der Frühling aufgezogen und auch der Sommer neigte sich schon wieder dem Ende entgegen. Endlich hatten sie es geschafft, die Systeme liefen stabil und die letzten Tests waren abgeschlossen. Sie hatten eine Möglichkeit gefunden, systematische Gewinne beim Roulette zu erzielen!

In den letzten Jahren hatte es so manche Spannung und auch Streitereien zwischen ihnen gegeben, doch hatten sie sich durch die intensive Arbeit auch gegenseitig gut kennen und schätzen gelernt. Jetzt endlich sollte ihre Arbeit Früchte tragen und sie zu reichen Menschen machen.

Nachdem die letzten Wochen wieder einmal mit Arbeit bis zum bersten vollgestopft waren, beschlossen Peter und Martin, erst einmal auszuspannen, bevor sie ihr Werk in der Praxis einsetzen würden. Peter, der nach einigen Unterbrechungen - auch diese Beziehung war nicht unendlich belastbar gewesen, doch hatte ihm Claudia immer dann Halt gegeben, wenn er es am nötigsten gebraucht hatte - immer noch bzw. wieder mit Claudia zusammen war, schenkte ihr von den letzten Resten seines Dispo-Kredits eine Reise auf die Kanarischen Inseln. Endlich würden sie eine Woche Zeit nur für sich haben, keine Arbeit, keine Anrufe, kein Roulette.

Martin, dessen Freundin ihn während eines seiner Arbeitsanfälle hatte sitzen lassen, fuhr für eine Woche ins Gebirge. Auch er brauchte dringend Erholung und wieder etwas Abstand von anderen Menschen.

Nach dieser Pause kehrten alle neu motiviert an ihr Projekt zurück. Jetzt endlich wollten sie in der Praxis Geld verdienen - den Casinos das entreißen, was es ihnen genommen hatte und noch viel mehr! Doch noch waren sie nicht am Ende ihres Weges angelangt. Denn was im Versuchsaufbau unter festgelegten Bedingungen funktioniert, muss im Casino im tatsächlichen Einsatz noch lange keinen Erfolg bringen. Peter erinnerte sich an seine ersten Gehversuche im „professionellen Spiel", als er die ersten Systeme gekauft und gespielt hatte. Seitdem schienen ihm Jahrzehnte vergangen, und tatsächlich - er beschäftigte sich inzwischen mehr als fünf Jahre mit der Materie Roulette. Seine Nervosität hatte ihn damals viel Geld gekostet und er wusste aus dieser Zeit, dass er nur mit innerer Ruhe und Gelassenheit möglich war, der Spielbank Paroli zu bieten. Noch wichtiger als bei Systemen war dies bei ihrem Projekt. Da die Eingabe, auf denen alle Berechnungen basierten, manuell getätigt wurden, war es zwingend notwendig, diese so exakt wie möglich zu machen. Nur dann waren vernünftige Ergebnisse zu erwarten und der Erfolg würde sich einstellen. Auch die Übermittlung des Satzsignals an den Partner musste schnell und möglichst unauffällig vonstatten gehen - sie wollten weder das Casinopersonal noch andere Gäste sonderlich auf sich aufmerksam machen. Denn welches Geschäft - und Spielbanken waren ein gutes Geschäft - sieht es schon gerne, wenn die Kunden Geld mitnehmen anstatt welches dazulassen?

Also dienten ihre nächsten Spielbankbesuche vor allem dazu, sich noch weitere Informationen über die praktische Umsetzbarkeit zu verschaffen und die Bedingungen und das Verhalten der Gäste und Angestellten genau zu analysieren. Bis zu welchen Einsatz konnte man spielen, ohne dass man auffiel? Wie reagierten die Croupiers, wenn man längere Zeit an einer Stelle stand und nicht spielte? Mit der Zeit gewannen Peter und Martin einen Überblick über die Gegebenheiten der verschiedenen Casinos. Der Einsatz ihrer Methode würde nicht überall möglich sein, doch war die Auswahl an „Arbeitsplätzen" ausreichend groß und äußerst viel versprechend.

Und nach wie vor war da auch die Faszination, die besondere Atmosphäre, die doch in jeder Spielbank etwas differenzierte, der Geruch von Geld in der Luft und die vielen ungeschriebenen Schicksale. Wenn sie auch manchmal den Blick hierfür verloren, so war es doch immer da - das Gefühl der Herausforderung, des leichten Wegs zum Glück. Und diesmal, so schien es, hatte Peter den Weg gefunden.

Alles entwickelte sich nach Plan. Hier und da mussten sie noch ein paar kleine Änderungen machen, die Fähigkeiten der Software noch etwas an die äußeren Bedingungen anpassen. Doch schließlich war es soweit, alle praktischen Probleme waren gelöst und auch die letzten Tests in der „Realität" hatten achtbare Ergebnisse gebracht. Ab nächster Woche würden sie richtig spielen - und gewinnen.

Peter hatte inzwischen einen genauen Plan ausgeklügelt, wann sie welches Casino besuchen wollten. Denn es war ihnen klar, dass es sich keine Spielbank auf Dauer gefallen lassen würde, wenn sie sich jeden Abend ihr „Gehalt" abholten. Aus diesen Überlegungen heraus kamen zuerst die Casinos im näheren Umfeld in Frage, die sie in unregelmäßiger Folge besuchen wollten. Daran anschließend wollten sie sich von einem Teil der Gewinne eine kleine Europareise finanzieren und in dieser Zeit mehr als nur ihren Lebensunterhalt verdienen. Auf diese Weise sollte es möglich sein, ein Sperre oder ein Spielverbot möglichst weit hinauszuzögern - das es irgendwann einmal kommen würde, damit rechneten sie fest. Aber bis dahin sollte sich einiges verdienen lassen - mehr als sie in den letzten Jahren in das Projekt hineingesteckt hatten.

Es kann so einfach sein!

Peter nahm seinen lange aufgeschobenen Urlaub und Martin hatte sowieso schon seit längerer Zeit keine feste Anstellung mehr gehabt und sich mit kleineren Aufträgen über Wasser gehalten. Es gab nichts mehr, was sie noch an einem Ort hielt. In den nächsten Monaten reisten sie quer durch Deutschland, anschließend durch Frankreich, Spanien und Italien. Peter ließ seinen Arbeitsvertrag in einen Vertrag als freier Mitarbeiter ändern und bearbeitete nur nebenbei ein paar Aufträge, um nicht ganz aus dem Geschäft zu kommen. Denn die ganze Sache war ihm zu riskant, um sich allein auf die Einnahmequelle Roulette zu verlassen.

Immer waren sie darauf bedacht, nicht zu hoch zu spielen und damit aufzufallen und eine Spielbanksperre oder schlimmere Folgen zu riskieren. Auch durch derartige Maßnahmen war es nicht möglich, sich in kurzer Zeit ein wirklich ausreichendes finanzielles Polster zu erarbeiten. Und trotz aller Vorsicht war das Vorhaben, als ganz normale Casinobesucher angesehen zu werden, leichter gesagt als getan. Mehr als einmal brachen sie ihre Arbeit ab - denn als solche muss man ein konzentriertes Spielen bezeichnen - wenn sie das Gefühl hatten, das ihnen mehr als die übliche Aufmerksamkeit geschenkt wurde. Erschwerend kam hinzu, dass sie immer zu zweit agieren mussten und somit potenziell schon auffälliger waren als ein einfacher Spielbankbesucher.

Trotz all dieser Schwierigkeiten erspielten sie sich in einem Jahr etwas mehr als eine halbe Million Euro. Dies sollte zwar nicht alles gewesen sein, doch für den Anfang war es sehr erfreulich. Zufrieden mit dem Ergebnis, beschlossen sie erst einmal eine längere Pause zu machen - nicht zuletzt, weil ihr Spiel in letzter Zeit immer häufiger durch gar zu aufdringliche Spielbankangestellte beeinträchtigt worden war.

Das Problem war leider immer das Gleiche, denn Gewinne fallen gerade bei den Spielern immer auf, der erst sehr spät nach Abwurf der Kugel setzen. Die Croupiers verkürzten dann einfach die Zeit und es blieb für die Messungen oft nicht mehr genug Zeit.

Beim anschließenden Kassensturz stellten sie fest, dass sie alles in allem einen guten Teil ihrer bisherigen Entwicklungskosten wieder eingespielt hatten. Von einem tatsächlichen Überschuss waren sie aber noch ein ganzes Stück weit entfernt und auch mochten sie auf die Dauer nicht ihre gesamte Zeit miteinander verbringen. Es hatte im vergangenen Jahr Monate gegeben, in denen Peter seine Claudia kein einziges Mal gesehen hatte. Das war nicht das Leben, das er sich vorgestellt hatte. Immerzu arbeiten, abends und an den Wochenenden, wenn andere ihre Freizeit genossen und vom Leben irgendwann nichts mehr mitzubekommen - so hatte er sich die Sache nicht vorgestellt.

Auf der anderen Seite war das Ergebnis jahrelanger Arbeit viel zu kostbar und ertragreich, als das einer der beiden es einfach hätte hinwerfen mögen. Und in vielen Diskussionen hatte sich bei beiden die Überzeugung festgesetzt, dass es auch möglich sein müsste eine Lösung zu entwickeln, die von einer Person allein genutzt werden könnte. Und wer weiß, vielleicht könnte man so ein Ding auch an andere Interessierte verkaufen und so zusätzlich Geld verdienen?

Folgen des Geldes

Natürlich hatten Peters Kollegen von seiner neuen Einnahmequelle erfahren. Von dem, was er in den vergangenen Monaten in der Agentur verdient hatte, konnte er nicht leben. Bei einer Betriebsprüfung fiel dies auch einem der Prüfer auf und so kam der Stein ins Rollen. Im Nachhinein stellte sich zudem heraus, dass die Steuerbehörde auch auf Martin schon des längeren ein Auge geworfen hatte, da dieser nicht alle Anfragen bzgl. seiner Lebensgrundlage immer schlüssig zu beantworten wusste. Denn als freiberuflicher und damit praktisch arbeitsloser Mathematiker/Physiker hatte er vor der gemeinsamen Zeit mit Peter kein so genanntes „geregeltes Einkommen" gehabt.

Eines Morgens klingelte es bei Peter an der Tür. Claudia, noch ganz verschlafen, öffnete und im nächsten Moment entfuhr ihr ein verdutzter Schrei. Vor ihr standen zwei Beamte, die sich als Steuerfahnder auswiesen und ihr einen Durchsuchungsbefehl präsentierten. Unter den Protesten von Claudia durchwühlten sie die Akten in Peters Arbeitszimmer. Peter enthielt sich jeden Kommentars zu der Situation. In seinem Kopf rotierte es. Das kann doch nicht wahr sein, was soll den das jetzt wieder? Sollte etwa doch irgendein Casino etwas gemerkt haben und jetzt schickten sie ihnen „zum Dank" die Behörden auf den Hals?

Nachdem er sich einigermaßen beruhigt hatte, arbeitete auch sein Verstand wieder normal. Die Wahrscheinlichkeit, dass die Spielbanken mit dieser Aktion etwas zu tun haben könnten, war doch mehr als absurd. Zudem hatte er über die Reisen akribisch Buch geführt und konnte somit problemlos seine Casinobesuche nachweisen. Die Gewinne aus Glücksspiel sind in Deutschland noch immer steuerfrei, und aus diesem „Zweiteinkommen" hatte er ganz gut leben können. Jetzt nur nicht die Nerven verlieren.

Er verließ das Haus und setzte sich in seinen Wagen. Ein paar Blocks weiter hielt er an und wählte die Nummer, die er seit langem auswendig wusste. Am anderen Ende der Leitung klingelte es und er hörte das Klicken eines Anrufbeantworters. Er hinterließ eine kurze Nachricht und bat Martin, so bald wie möglich in ihre Stammkneipe zu kommen. Anschließend setzte er sich wieder in den Wagen und fuhr los. Er musste auf jeden Fall mit Martin sprechen, bevor sie sich weitere Schritte überlegten - und danach mit seinem Steuerberater. Es wäre doch gelacht, ließe sich eine solche Sache nicht binnen kürzester Zeit aus der Welt schaffen. Lachhaft, er hatte ja nicht mal Steuern hinterzogen, was also sollte ihm das Finanzamt schon anhaben.

Nach einigen Bieren erschien auch endlich Martin auf der Bildfläche. Er sah reichlich fertig aus und verschaffte Peter damit die Gewissheit, dass er nicht der einzige Betroffene in dieser Angelegenheit war.

Schweigend setzte er sich an den Tisch und winkte der Bedienung nach einem Bier. Als sie es brachte, nahm er wortlos einen großen Zug und betrachtete die Umgebung, die beide schon tausendmal gesehen hatten. Endlich brach er das Schweigen. Er erzählte Peter von seinem Gespräch mit einem befreundeten Wirtschaftsprüfer. Diesen hatte er in seiner ersten Irritation um Rat gefragt, denn zu einem völlig Fremden wollte er mit dieser heiklen Sache nicht gehen. Nach diesem Gespräch war er einigermaßen beruhigt gewesen, zumal er ja kein schlechtes Gewissen zu haben brauchte. Tatsächlich hatte auch er alle seine Aufträge ordnungsgemäß versteuert. Und die Roulettegewinne gingen das Finanzamt ja nun wirklich nichts an.

In diesem Punkt waren sie sich einig. Doch allmählich schwante es Peter, dass ihnen durchaus noch Probleme entstehen könnten. Denn wie sollten sie ihre Gewinne nachweisen, ohne ihre Entwicklung preiszugeben? Gewiss, sie hatten von Casinos einige Schecks über höhere Beträge und diese auch auf ihre Konten eingelöst. Doch würde das ausreichen, um die Steuerfahnder zu überzeugen?

In den nächsten Wochen ballte sich die Arbeit bei Peter. Obwohl er nur noch freiberuflich tätig war kam es ihm manchmal vor, als ob er mehr denn je zu tun hätte. Den Ärger mit dem Finanzamt nahmen ihm und Martin ihre Steuerberater Großteils ab und auch Claudia war ihnen eine große Hilfe. Peter hatte gar nicht gewusst, in wie vielen Bereichen sie sich auskannte. Am Ende mussten die Prüfer letztlich unverrichteter Dinge abziehen. Es hatte sich bewährt, dass Martin alle Belege und Notizen der Spielbankbesuche akribisch sortiert und archiviert hatte. Auch Peter hatte entsprechende Eintrittskarten vorlegen können und somit war kein Angriffspunkt für eine mögliche Steuerhinterziehungsklage geblieben. Doch dieser Vorfall machte sie vorsichtig und sie begannen, ihre Tätigkeiten noch detaillierter aufzuzeichnen. Diese Daten sollten ihnen für weitere Entwicklungen noch mal nützlich werden.

Nach diesem Zwischenfall ging es wieder ans Geldverdienen. Doch mit der Zeit merkten sie, dass sie trotz alle Vorsicht begannen, Aufsehen zu erregen. Nach und nach reifte an mehreren Orten die Erkenntnis „Hier können wir auf keinen Fall mehr herkommen!". Besonders auffällig war es, da sie ja immer zu zweit unterwegs waren und Martin die meiste Zeit nur in der Gegend herumstand - zumindest erweckte es für Außenstehende den Anschein. Zwar wechselten sie sich jetzt auch ab und zu ab, also Peter führte die Messungen durch und Martin tätigte die Einsätze, doch dies war auch keine Lösung. Zumal, da Peters Messungen oft zu ungenau waren und Martin speziell in Verlustphasen leichter nervös wurde und gelegentlich die Jetons falsch platzierte. Noch problematischer aber war das alte Problem, dass sie immer erst sehr spät nach Abwurf der Kugel setzen konnten.

Es musste doch auch eine einfachere Lösung geben, eine, bei der man nicht auf einen Partner angewiesen war und vor allem eine, bei der man auch vor Abwurf der Kugel setzen kann. Die neuesten Entwicklungen auf dem Computermarkt sahen sehr viel versprechend aus, auch bei den Akkus hatte sich in der Zwischenzeit einiges getan. Also gingen Peter und Martin daran, ihre Lösung weiterzuentwickeln. Auch war in ihnen die Erkenntnis gereift, dass sich mit dem Verkauf einer derartigen Lösung einiges Geld zusätzlich verdienen lassen müsste. Selber würden sie über kurz oder lang sowieso gesperrt werden, die Verbesserung ihrer Erwerbsgrundlage würde dies höchstens noch ein paar Monate hinausziehen. Über kurz oder lang sahen sie das Ende ihrer erfolgreichen Tätigkeit kommen. Denn die eigene Spieldurchführung würde zwar sicherlich im unauffälligen Rahmen zwischen 20.000,- € und 30.000,- € im Monat abwerfen, aber das war ihnen angesichts der enormen Investitionen einfach zu wenig. Bei höheren Monatsgewinnen waren die Sicherheits- und Kontrollmechanismen der Casinos einfach zu ausgeklügelt. Warum also sollte man nicht noch etwas Geld zusätzlich durch eine Vermarktung verdienen?

Erneut machte Martin sich an die Arbeit, unterstützt von Peter, der sich inzwischen auch recht gut in der Materie auskannte. Sie suchten und fanden ein Gehäuse, in das sowohl die Messelektronik als auch die zur Berechnung notwendigen Chips und Akkus hineinpassten und das man problemlos allein herumtragen konnte, ohne dass es über die Maßen auffiel. Probleme ergaben sich anfangs mit der Eingabe der Messungen und der Ausgabe des Satzsignals. Ein doch relativ großes Gerät in der Größe eines dicken Taschenbuches so bei sich zu tragen, dass es keinem auffiel, man aber gleichzeitig Eingaben machen und Ergebnisse ablesen konnte, erwies sich als praktisch unmöglich.

Diesmal war es Claudia, die die rettende Idee hatte. Als sie sah, wie Martin mit der Fernbedienung seines PKW herumspielte, kam ihr die Erleuchtung. Warum nicht die Ein- und Ausgabe vom Rest des Geräts trennen? Funk oder ähnliches fiel aufgrund der Überwachungsmechanismen der Spielbanken aus, aber mit einem dünnen Kabel könnte man die beiden Teile doch verbinden.

Peter aber gefiel das ganze noch nicht. Er war der Ansicht, dass man die komplette Technik in ein einziges kleines Gehäuse in der Größe einer Zigarettenschachtel unterbringen könne. Darüber hinaus diskutierte er mit Martin viele Nächte, wie man es schaffen könnte, das Programm so zu verändern, um auch vor Abwurf der Kugel die Einsätze tätigen zu können. Wieder und wieder rechnete Martin die bislang aufgezeichneten Daten durch. Sie waren inzwischen beide der Meinung, dass bestimmte ballistische Kennwerte sich reproduzierbar einordnen lassen und damit in kurzen Abschnitten

Prognosen zulassen, auch wenn man auf vorangegangene Messungen zurückgriff.

Zum Glück hatten sie inzwischen einige Tausend Messungen vorliegen und konnten so sehr leicht umfangreiche Tests durchführen. Gewiss, die Ergebnisse lagen etliche Prozent unter denen der alten Lösung, aber der Vorteil war offensichtlich: da sie nun in der Lage waren, nicht nur allein das Gerät zu bedienen sondern vor allem auch schon vor Kugelabwurf die Prognose ausgeben zu können, konnten die Casinos keine Gegenmaßnahmen mehr ergreifen oder das Spiel stören. Von einer solchen Lösung hatten sie auch noch nirgends etwas gehört oder gelesen und alle bisherigen Berichte zum Thema physikalische Trefferprognosen basierten immer auf der Tatsache, dass man erst die Messung nach Beginn des Spiels durchführen konnte.

Auch diese Neuentwicklung wurde von den beiden Männern ausführlich getestet und optimiert und auch Claudia lernte schnell, damit umzugehen. Das Gerät war inzwischen nur noch etwas so groß wie eine etwas überdimensionierte Zigarettenschachtel und damit klein genug, um es in einer weiten Hose in der Tasche tragen zu können. Endlich hatten sie ein Produkt entwickelt, dass problemlos und quasi überall einsetzbar war und das man auch ohne großen technischen Aufwand bedienen konnte. Es war jetzt möglich geworden, auf unauffällige Art und Weise jeden Monat „spielend Geld zu verdienen". Nach etlichen Tests und Berechnungen waren sie übereingekommen, ihr „Gehalt" auf dreißigtausend Euro im Monat zu begrenzen. Sicher, kurzfristig war mehr zu holen, doch mit dieser Begrenzung würden sie es vermeiden, den Casinos allzu großen Schaden zuzufügen, auch wenn sie diese Gewinnmöglichkeit anderen Spielern zugänglich machen würden. Zu hohe Gewinne fallen auch in den Statistiken der Casinos extrem auf und es macht keinen Sinn, von vornherein nicht abschätzbare Gegenmaßnahmen zu provozieren. Wirklich verboten war es ja nicht, denn allein ein Hinweis in der Hausordnung auf die mögliche Untersagung technischer Geräte ist juristisch ja nicht viel wert, aber sie wollten einfach unauffällig bleiben.

Am Ziel der Wünsche

Endlich waren sie am Ziel ihrer Wünsche angelangt. Viel Geld verdienen und sich seine Arbeitszeit frei einteilen, womöglich noch an den schönsten Orten der Welt arbeiten - das hatte Peter sich immer gewünscht. Und jetzt hatte er es erreicht, und dazu noch eine wundervolle Frau gefunden, mit der er sich vorstellen konnte, den Rest seines Lebens gemeinsam zu verbringen. Und doch, die Zeit der Herumreiserei hatte ihm gezeigt, wie schön ein ruhiges Zuhause sein konnte. Er und Martin hatten viele schöne Orte gesehen. Sehr gut hatte es ihm und Claudia in letzter Zeit auf Inseln im Meer gefallen, besonders die Kanaren hatten es ihnen angetan. Hier konnte er sich vorstellen, in den nächsten Jahren einen Großteil seiner Zeit zu verbringen. Auch wollte er sich wieder mehr mit kreativen Dingen beschäftigen, vielleicht sich auch einmal im Malen versuchen.

Doch erst einmal buchte er einen Flug für zwei nach Lanzarote und vier Wochen Vollpension im besten Hotel der Insel. Lanzarote faszinierte ihn aufgrund der vulkanischen Struktur am meisten und er wollte sich nach einer geeigneten Immobilie umsehen. Außerdem sehnte er sich nach ein paar Wochen Nichtstun, faulenzen und sich von vorn bis hinten verwöhnen lassen. Schnell noch ein paar Sachen in den Koffer gepackt und los ging es, weg aus dem grauen Herbstnebel in Deutschland.

Der Flug verlief angenehm, und am Flughafen wartete schon der Wagen des Hotels. Bald waren sie in ihrer Suite angekommen und der Urlaub konnte beginnen. Das Essen war ausgezeichnet und auch das Freizeitangebot ließ kaum Wünsche offen. So kam es, dass in den ersten beiden Wochen weder Claudia noch er ein Wort über ihr gemeinsames Projekt verloren – zu viel anderes gab es, das ihre Sinne beeindruckte. Doch eines Abends machte Claudia Peter darauf aufmerksam, dass es auf dieser Insel ja gar keine Spielbanken gäbe. Ob sie sich hier wohl auf Dauer wohl fühlen könnten, so ganz ohne den Reiz des Spiels? Doch stellten beide fest, dass ihnen in den 14 Tagen, die sie schon hier waren, nichts gefehlt hatte. Im Gegenteil, Peter fühlte sich zum ersten Mal seit langer Zeit wieder vollkommen entspannt. Die jahrelange und intensive Beschäftigung mit der Materie Roulette und ihm früher völlig fremden technischen und elektronischen Vorgängen und Gegebenheiten hatten ihn doch stets in eine unterbewusste Spannung versetzt. Ja, hier wollte er leben.

An diesem Abend kamen sie, als sie später an der Bar saßen und den Abend ausklingen ließen, auch auf das Gerät zu sprechen. Claudia hatte ein paar interessante Ideen, was die mögliche Vermarktung anbelangte, doch nichts davon begeisterte und überzeugte beide vollkommen.

Hinter ihnen an der Bar stand während des gesamten Gespräches ein Mann, der ab und zu einen interessierten Blick zu den beiden hinüberwarf. Als das Gespräch auf den möglichen Vertrieb zu sprechen kam, schienen seine Augen zu leuchten. Schließlich glitt er vom Barhocker herab und kam zum Tisch von Claudia und Peter hinüber.

Mit einer Mischung aus Neugier und Vorsicht blickte Peter den Fremden an. Was gingen ihn seine Privatgespräche an? Oder hatte vielleicht eine Lösung für ihr Problem zu bieten? Der Fremde stellte sich als Marcus P. vor und entschuldigte sich, dass er dieses Gespräch unterbreche. Doch hatte er ihre Diskussion mitgehört und sei neugierig geworden. Er selbst beschäftige sich seit einigen Jahren selbst mit Glücksspiel, doch hauptsächlich mit Black Jack, wo man mit mathematischen Kenntnissen und einem guten Gedächtnis einen reellen Vorteil der Bank gegenüber erlangen könne. Doch auch dies werde wegen des fast flächendeckenden Einsatzes sog. Mischmaschinen immer schwieriger, die große Zeit der Kartenzähler - und zu diesen gehörte er - sei wohl allmählich vorbei.

Während seiner Besuche in den verschiedenen Spielbanken habe er aber einen interessanten Menschen kennen gelernt, der ihnen eventuell helfen könnte, ihre Pläne in die Tat umzusetzen. Dieser Mann sei in Deutschland aktiv und sehr erfolgreich im Werbegeschäft tätig und Roulette sei sein großes Hobby. Sicherlich würde ihn eine wissenschaftliche und dazu noch praktisch anwendbare Lösung des Roulette-Problems brennend interessieren und er hätte auch die nötige Erfahrung und die Kontakte, um eine etwaige Vermarktung zu einem finanziellen Erfolg werden zu lassen.

Claudia blickte skeptisch auf. Das alles schien so einfach, konnten sie tatsächlich ein derartiges Glück haben? Doch Marcus versuchte überhaupt nicht, mehr von ihnen zu erfahren als sie ihm von selbst erzählten und bot ihnen an, seinen Freund unverbindlich anzurufen und ihm von der Sache zu erzählen. Hiergegen war nichts einzuwenden, also verabredeten die drei sich für den übernächsten Tag zum Mittagessen. Marcus meinte, bis dahin sollte er mehr wissen und Peter und Claudia könnten sich die Sache in der Zwischenzeit noch einmal gründlich durch den Kopf gehen lassen.

In dieser Nacht diskutierten die beiden noch lange. Auf der einen Seite stand die Begeisterung, auf derartig einfache Weise eine Realisierungsmöglichkeit für ihre Ideen gefunden zu haben, auf der anderen Seite sah dies alles zu leicht aus, um tatsächlich wahr zu sein. Weit nach Mitternacht endlich beschlossen sie, anderntags erst einmal Martin anzurufen und ihm von den neuen Entwicklungen zu erzählen. Danach konnte man weitersehen, wie sich alles entwickelte.

Nach dem Frühstück, Claudia war an den Strand gegangen, führte Peter ein ausführliches Gespräch mit Martin. Er berichtete ihm von der unerwarteten Begegnung des Vorabends und von den Möglichkeiten, die sich ihnen hieraus erschließen könnten. Auch seine Vorbehalte legte er Martin dar. Martin hörte sich alles an und diskutierte mit ihm das Für und Wieder der Situation. Letztendlich einigten sie sich, den Versuch zu wagen. Was konnte ihnen schon dabei passieren? Schlimmstenfalls hätten sie ein paar Tage ohne Ergebnis investiert. Dieses „Risiko" war die Sache auf jeden Fall wert.

Und der Erfolg sollte ihnen schon bald Recht geben. Später saßen sie noch oft zu dritt beieinander und häufig fragten sie sich, wie ihr Leben wohl ohne diese schicksalhafte Begegnung verlaufen wäre. Doch zunächst gönnte sich Peter eine große Portion Hummer zum Mittagessen und reservierte für abends einen Tisch im nahe liegenden Nobelrestaurant. Diesen Abend wollte er mit Claudia zusammen feiern. Immer stärker spürte er, dass sie die richtige Entscheidung getroffen hatten, sich auf dieses Geschäft einzulassen. All die Unwägbarkeiten, mit denen die Sache noch verhaftet war, interessierten ihn mit einem Mal nicht mehr. Er wollte nur noch das Leben und diesen schönen Augenblick genießen.

Am Nachmittag kam Claudia zurück, strahlend und ausgelassen und so recht zu seiner eigenen Stimmung passend. Er berichtete ihr von dem Telefonat mir Martin und auch Claudia verriet ihm, dass sie sich für den Versuch entschieden hatte. Sie verbrachten einen traumhaften Abend und eine wunderbare Nacht miteinander.

Am nächsten Tag waren beide etwas aufgeregt, als sich der Zeitpunkt des Treffens näherte. Gewiss, man war sich im Laufe der zwei Tage das eine oder andere Mal in der Hotelanlage begegnet, aber weder Marcus noch Peter oder Claudia hatten versucht, miteinander Kontakt aufzunehmen. Trotz seiner jahrelangen Spielpraxis, die ja auch mit vielen Nerven aufreibenden Situationen verbunden gewesen war, fühlte sich Peter heute seltsam - fast wie ein kleiner Junge, der die große weite Welt kennen lernen will. Beide wussten, dass von dem heutigen Tischgespräch viel für sie abhängen konnte. Sie waren entschlossen, diese Chance am Schopf zu packen.

In der Bar begrüßte sie ein ebenfalls bestens gelaunter Marcus. Er hatte gestern mit seinem Bekannten telefoniert und dieser war, wie er bereits vermutet hatte, begeistert. Er würde die nächsten zwei Wochen geschäftlich unterwegs sein, aber danach wollte er das Trio unbedingt kennen lernen. Marcus gab ihnen eine Adresse in Bayern und diverse Telefonnummern, unter denen sein Freund erreichbar war. Peter versicherte, sich mit ihm sofort nach seiner Rückkehr nach Deutschland in Verbindung zu setzen. An diesem Abend schmeckte allen das Menü besonders gut.

Die restlichen Tage des Urlaubs vergingen wie im Flug. Einen ziemlichen Teil ihrer Zeit waren Peter und

Claudia damit beschäftigt, eine Strategie für das bevorstehende Treffen zu entwickeln und sich über ihre eigenen Vorstellungen klar zu werden, was den Vertrieb und die weitere Verwendung ihres Geräts anging. Auch ein Namen musste jetzt endlich gefunden werden, und das war schwerer als auf den ersten Blick vermutet. Jeder hatte da so seine eigenen Vorstellungen, und bei einem der vielen Telefongespräche brachte Martin die Sprache auf Urheberschutz und Patentrechte. Himmel, darüber hatten sie sich noch überhaupt keine Gedanken gemacht! War es doch auch nicht notwendig gewesen, da die ganze Aktion bisher im „privaten" Rahmen und ohne fremde Mitwisser oder Beteiligte abgelaufen war. Aber auch das würde sich irgendwie klären lassen. Wenn dieser Daniel C., dessen Adresse ihnen Marcus gegeben hatte, wirklich so toll war, sollten solche Lappalien wohl kein größeres Problem darstellen. Also verbannten Peter und Claudia für die letzten zwei Urlaubstage alle Gedanken an Roulette und Geschäfte aus ihren Köpfen und genossen noch einmal das herrliche Wetter und die Ruhe und Beständigkeit, die die Natur ausstrahlte. Ja, hier konnte man wirklich leben.

Wieder zurück in Deutschland, wurden sie am Flughafen bereits von Martin erwartet. Er hatte ein tolles Menü gekocht und sich dabei selbst übertroffen. Gemeinsam leerte das wiedervereinte Trio an diesem Abend die eine oder andere Flasche Champagner und diskutierte ausführlich die sich ihnen bietenden Möglichkeiten, ehe alle zufrieden in ihre Betten sanken.

Der Termin mit dem potenziellen Partner war schnell gemacht und zumindest am Telefon hörte sich die Sache sehr gut an. Bis zu dem Treffen, das in zwei Wochen stattfinden sollte, gab es noch allerhand zu tun. Wenn sie in dieser Zeit auch nicht mehr aktiv spielten, so war doch in den letzten Wochen vor dem Urlaub einiges an Verwaltungskram liegen geblieben, das nun erledigt werden musste. Auch die Statistik wollte fortgeführt werden, schließlich war dies ihr überzeugendes Verkaufsargument. Und dann stellte sich wieder einmal die Frage, wie viel sie einem Fremden von ihrer Entwicklung preisgeben sollten, ohne über die Verwendung dieses Wissens und das Ergebnis der Verhandlungen im Klaren zu sein.

Schlussendlich hatte Martin es geschafft, eine umfassende Spezifikation der Funktionen zu erstellen, ohne dabei alle Einzelheiten offen zu legen. Das sollte für den Anfang genügen. Sie waren neugierig, was Daniel in der Zwischenzeit erreicht hatte. Er hatte nämlich zugesagt, sich um einen geeigneten Namen und die notwendigen Schutzrechte zu kümmern und wollte zusätzlich bereits ein erstes Konzept vorlegen, wie das Gerät vermarktet werden könnte.

Das Treffen sollte vormittags ein einem Café stattfinden, das zu dieser Tageszeit noch nicht allzu stark frequentiert war. So würden sie sich in Ruhe unterhalten können, ohne große Ohren an den Nebentischen. Denn wie leicht das gehen konnte, das hatten sie ja bei ihrer Begegnung mit Marcus erfahren. Und auch sonst war dieser neutrale Ort ideal, für alle leicht erreichbar und ermöglichte so ein Treffen in entspannter Atmosphäre.

Martin und Peter waren schon etwas früher gekommen, Claudia musste noch etwas erledigen und würde später zu ihnen stoßen.

Pünktlich um 10 Uhr erschien ein Herr mittleren Alters, der sich suchend im Raum umsah und dann auf Peter und Martin zukam. „Sind Sie Herr S.?" fragte er Peter. Als dieser zustimmend nickte, meinte er zu Martin „Und Sie können dann nur der geniale Mathematiker und Physiker sein, den Marcus mir beschrieben hat! Schön, dass Sie gekommen sind." Martin lächelte leicht verlegen, als genial hatte ihn schon lange niemand mehr bezeichnet. Der Gast stellte sich ebenfalls vor und erzählte den beiden bei einer Tasse Kaffee, wie er selbst zum Roulette gekommen war und was ihn daran so faszinierte. Er selbst hatte schon oft über Möglichkeiten nachgedacht, eine „endgültige" Lösung für Roulette zu entwickeln, denn die herkömmlichen Systeme hatten ihn nie voll überzeugen können. Aber seine vielfältigen anderen Verpflichtungen hatten ihn immer wieder davon abgehalten, letztendlich sei ihm eine derartige Entwicklung zu zeitaufwändig und auch zu teuer gewesen. „Was genau haben Sie da jetzt eigentlich entwickelt, Marcus wollte mir da nicht allzu viel sagen?" fragte er schließlich. Martin nahm die mitgebrachten Unterlagen zur Hand und erläuterte ihm zunächst in groben Zügen, anschließend auf seine Nachfragen hin ausführlicher Wirkungsweise und Einsatzmöglichkeiten ihres Gerätes.

Inzwischen war auch Claudia zu der Gruppe gestoßen, und gemeinsam diskutierten sie das Potenzial und die Vermarktungsmöglichkeiten, die sich ihnen boten. Und natürlich wollte Claudia wissen, welchen Namen ihr „Kind" jetzt bekommen sollte. Daniel erklärte ihnen, er habe sich umgesehen und die drei interessantesten Vorschläge mitgebracht. „Die endgültige Entscheidung sollten wir gemeinsam treffen, was meinen Sie?", und schnell hatte sich die Gruppe auf den Vorschlag geeinigt, der ihnen allen am besten gefiel. Das Gerät sollte unter dem Namen „winnotec" auf den Markt kommen. Und auch über die restlichen Aspekte der Zusammenarbeit sollten sie sich schnell einig werden.

Daniel schlug ihnen eine Einmalzahlung sowie einer vom Gewinn abhängigen Beteiligung vor. Nach einigem hin und her und einigen Änderungen einigten sie sich auf einen Betrag, der allen Ansprüchen gerecht wurde. Dafür würde sich insbesondere Martin an den noch notwendigen Änderungen bis zur Serienreife beteiligen. Daniel hatte ganz konkrete Vorstellungen von der maximalen Größe des Gerätes und der Bedienbarkeit und beides entsprach bislang noch überhaupt nicht seinen Erwartungen.

Sobald alle Rechte übertragen waren und das Modell für die Serienfertigung vorlag, sollten sie den Betrag erhalten.

Bis zur endgültigen Vermarktung waren noch einige Dinge zu erledigen. Die Fertigung musste serienreif gemacht werden, Werbemaßnahmen und einige Tests brauchten ebenfalls ihre Zeit. Als besondere Herausforderungen erwiesen sich die nochmalige Verkleinerung des Gerätes und die Programmierung der Benutzeroberfläche. Oberste Priorität hatte für Daniel nämlich eine einfache Bedienung und eine stabile Funktion des Gerätes nebst langer Betriebszeit. Auch Sicherheitsaspekte und Verschlüsselungstechniken spielten nun eine Rolle, da das winnotec-Gerät zwar von Kunden benutzt aber nicht entschlüsselt werden sollte.

Doch endlich war es so weit. Der Prototyp war fertig und die Tests, sowohl in der Entwicklungsumgebung als auch im tatsächlichen Einsatz, waren hervorragend verlaufen. Niemand hätte sich zu Beginn der Entwicklung vorstellen können, dass eines Tages ein Gerät in der Größe eines Feuerzeuges genügen würde um damit dauerhaft erfolgreich zu sein.

Wenige Tage später fand das Trio die vereinbarte Summe auf ihren Konten. Herrlich, wie einfach es schlussendlich doch gelaufen war. Sicher, das Geld hätten sie auch mit spielen verdienen können, doch mit welchem Aufwand und wie lange hätten sie dafür gebraucht! Der Betrag würde leicht ausreichen, um auf

Lanzarote ein angemessenes Domizil erwerben zu können und sich auch sonst keine Sorgen um den Lebensunterhalt zu machen. Und dann wartete ja noch ihre „Rente" auf sie. Auch Martin würde sich davon ein ruhiges Leben machen könne, ohne ständig auf schlecht bezahlte Arbeiten angewiesen zu sein. Endlich wieder Zeit nur noch für die Sonnenseiten des Lebens - die Erfüllung dieses Traums lag zum Greifen nah.

Ein paar Wochen später war es dann soweit - das erste Gerät der Serienfertigung lag vor ihnen. Und auch die Werbung war schon angelaufen, so dass die ersten Bestellungen bereits auf dem Tisch lagen. Daniel zeigte sich zufrieden mit der Entwicklung und auch Peter und Martin freuten sich, dass das Produkt ihrer Arbeit solchen Anklang fand. Und doch schwang in dem Glück auch ein bisschen Trauer mit, da diese Episode ihres Lebens für sie jetzt abgeschlossen war. Über etliche Jahre hatten sie sich jetzt intensiv mit diesem Computer beschäftigt, und heute hieß es Abschied nehmen von diesem großen Projekt und sich neuen Aufgaben widmen. Peter wollte sich zuallererst nach einem Haus auf Lanzarote oder Fuerteventura umsehen, diese Inseln hatten es ihm doch sehr angetan. Auch hatte er noch einige Ideen, die in der Werbebranche für ziemliche Aufmerksamkeit sorgen könnten. Das Leben würde also auch in Zukunft nicht langweilig werden.

Martin wünschte sich nichts sehnlicher als einen langen Urlaub, den Trip quer durch die USA, der ihn schon als Junge gereizt hatte würde er jetzt endlich in Angriff nehmen.

So waren die nächsten Monate für alle mit einer Flut von Ereignissen gefüllt. Daniel kümmerte sich um den Vertrieb und so konnte das Trio unbeschwert das Leben genießen und in aller Ruhe das Kommende planen. Peter kutschierte kreuz und quer durch die Staaten, die meiste Zeit mit seiner neuen Flamme, die er zu Beginn seiner Reise in Silicon Valley kennen gelernt hatte - eine Informatikerin, die seine Begeisterung für technische Abläufe voll und ganz teilte.

Martin machte sich zusammen mit Claudia auf die Suche nach einer Finca. Und tatsächlich, sie hatten Glück und fanden schnell eine Liegenschaft, die sie auf Anhieb begeisterte. Sicher, das Gehöft war renovierungsbedürftig, aber die hierzu notwendigen Genehmigungen lagen vor und so gestaltete sich der Umbau relativ problemlos. Bereist ein halbes Jahr später konnten sie ihr neues Domizil in Besitz nehmen. In der Zwischenzeit hatten sie sich noch ein gemeinsames Penthouse in Hamburg eingerichtet, in das sie jederzeit zurückkehren konnten, wenn die Sehnsucht nach dem Trubel der Großstadt zu groß würde.

Selbstverständlich hielten sie weiterhin guten Kontakt zu Martin, der sie regelmäßig in ihrer neuen Bleibe besuchte. Doch auf die Dauer konnte er dem Land- und Inselleben nichts abgewinnen, ihn zog es immer wieder in den Trubel der Großstadt und - wie er ihnen bei einem seiner Besuch stolz berichtete, in die Arme der wunderbaren Anne, die er bei seiner großen Tour kennen und lieben gelernt hatte. So hatte sich also jeder seine Träume erfüllen können und das Trio genoss das wunderbare Leben, das sich ihnen nun bot. Dies war eine bemerkenswerte Belohnung für die Jahre voller Arbeit und teilweise Entbehrungen, Stress und vielen Rückschlägen. Sie hatten es geschafft, sie hatten eine Möglichkeit gefunden ohne weitere Anstrengung Geld zu verdienen und dank der gut ausgeklügelten Verträge würden sie sich auch in Zukunft um einen angemessenen Lebensstandard nicht sorgen brauchen. Und letztendlich, für die Erfüllung ganz besonderer Wünsche oder auch nur einfach so zum Spaß, stand ihnen auch immer der Gang ins Spielcasino offen.

Nachwort

Inzwischen gibt es ein paar wenige Anbieter von elektronischen Geräten, noch weniger professionelle und seriöse, mit deren Hilfe die Ballistik des Roulette-Spiels in den Griff zu bekommen ist. Die Einsatz- und Gewinnmöglichkeiten solcher Geräte sind enorm und werden daher mit Sicherheit immer einem kleinen Kreis vorbehalten bleiben, der diese Chance erkennt und für sich zu nutzen weiß und auch bereit ist, dafür zu investieren. Die Anwendung der meisten Geräte ist allerdings sehr auffällig und nur das hier beschriebene Gerät bietet die Möglichkeit, schon vor Abwurf der Kugel zu setzen.

Interview

Das Interview führte die Autorin Barbara Retur mit Claudia und Peter S. in deren Finca auf Lanzarote.

BR: Hallo Peter, seit den Gesprächen zu diesem Buch sind inzwischen einige Monate vergangen und wie ich sehe, genießen Sie das Leben hier noch immer.

PS: Ja Barbara, das stimmt. Es liegen so aufregende Jahre hinter uns und wir sind absolut glücklich mit der Situation.

BR: Inzwischen ist die Vermarktung des Gerätes ja angelaufen. Haben Sie Kontakt zu Daniel und werden Ihre Erwartungen erfüllt?

PS: Daniel ist ein absolut fähiger Geschäftsmann und wir telefonieren hin und wieder. Er führt ja nicht selbst die Geschäfte oder die Gespräche mit Interessenten, sondern hat natürlich einen Geschäftsführer engagiert und angesichts der monatlichen Überweisungen, die ich erhalte, scheint es blendend zu laufen.

BR: Kritiker werfen dem winnotec-Konzept vor, die Anwendung des Gerätes sei illegal.

PS: Es ist nicht meine Aufgabe eine Rechtsberatung vorzunehmen, aber was soll daran illegal sein, wenn man die offen zugänglichen Informationen über das Spiel einfach effektiver ausnutzt. Natürlich ist mir klar, dass Casinos Dauergewinner nicht gerne sehen. Aber nochmals: das Gerät greift ja nicht in den Spielverlauf ein oder manipuliert irgend etwas. Wer moralische Bedenken hat, den Wettkampf Spieler-Spielbank aufzunehmen oder Probleme damit hat, Gewinne zu erzielen, sollte eben nicht in ein Casino gehen.

Außerdem wäre es mir völlig neu, wenn es in Deutschland plötzlich ein Strafgesetz geben würden, das den Einsatz von Computern in Spielbanken unter Strafe stellt.

BR: Was sagen Sie zu der Behauptung einiger Kunden, dass man mit winnotec gar nicht gewinnen kann?

PS: (lacht laut los) Schauen Sie sich um. Haben Sie den Eindruck, ich würde unter ärmlichen Bedingungen leben? Die physikalischen Gewinnmöglichkeiten lassen sich nicht dadurch wegdiskutieren, nur weil Einige offensichtlich nicht willens sind, sich entsprechend einzuarbeiten. Alles erfordert Training, Disziplin, und Ausdauer. Wer gleich am ersten Tag mit dem Gerät ins Casino marschiert, nicht trainiert hat und noch nicht einmal genau weiß, wie er die Messungen durchzuführen hat kann doch keine Millionengewinne erwarten. Für jeden Beruf muss man heute drei Jahre lernen, da sollte man sich bei winnotec wenigstens mal einige Stunden Zeit nehmen.

BR: Ein weiterer Kritikpunkt ist der, dass der Kunde nicht erst testen und dann bezahlen kann, wenn er weiß, dass er damit auch gewinnen kann.

PS: Diese Frage müssten Sie eigentlich Daniel stellen, da ich mit dem geschäftlichen Ablauf nichts zu tun habe. Nur soviel: wir haben in dieses Konzept viele Hunderttausend Euro investiert ohne zu wissen, ob wir das jemals wieder erspielen können. Kunden dagegen erhalten ein bewiesenes, schlüsselfertiges Konzept für einen minimalen Betrag. Hätte ich damals die Chance gehabt, ein solches Gerät zu erwerben, hätte ich auch 30.000,- € dafür bezahlt.

In den ersten Gesprächen mit Daniel war ich entsetzt, wie billig der Einstieg zur Nutzung ist. Wer allen Ernstes glaubt, er könne ohne jede Investition quasi eine Gelddruckmaschine erhalten, hat grundlegende Zusammenhänge im Business nicht verstanden, denn wo kann man denn eine Renditemöglichkeit ohne Geldeinsatz erhalten? Das klingt jetzt vielleicht ein wenig hart und arrogant, aber wenn jemand keinerlei Vertrauen in die grundsätzlichen Möglichkeiten oder das Unternehmen winnotec aufbauen kann – dann soll er halt die Finger davon lassen und selbst eine solche Technik entwickeln. Wir müssen nichts mehr beweisen, denn der Erfolg und die Möglichkeiten sind bereits bewiesen

BR: Was raten Sie Anwendern bzw. welche Tipps haben Sie parat?

PS: Unauffälligkeit, Diskretion und Gewinnbeschränkung! Ich weiß aber, dass alle diese Punkte auch ganz ausführlich jedem einzelnen Anwender dargelegt werden. Mehr als ca. 20.000 € pro Monat sind unauffällig nach meiner Meinung nicht wirklich realisierbar. Ich finde, dies ist angesichts der Steuerfreiheit eine Menge Geld und liegt in einem Einkommensbereich, den weniger als 0,2% der Bevölkerung erreichen. Ein weiterer Tipp: Eintrittskarten aufheben und Buch über die Tagesergebnisse führen um eventuellen Auseinandersetzungen mit dem Finanzamt vorzubeugen.

BR: Was sicher immer wieder ein Thema ist: warum verkauft jemand eine Lösung und gibt sein Geheimnis preis, wenn er doch selbst damit reich werden kann?

PS: Das ist eine interessante Frage. Ich bin fest davon überzeugt, dass man als einzelne Person nicht endlos Geld in einem Casino gewinnen kann ohne eine Sperre zu riskieren, die dann in der Regel europaweit gelten würde. Meine Ziele waren einfach größer als die dauerhaft erzielbaren Gewinne und ehrlich gesagt hatte ich gar keine Lust mehr, regelmäßig in ein Casino zu gehen. Es ist schon harte Arbeit, sich da immer drei oder vier Stunden hochkonzentriert zu verhalten und diszipliniert zu bleiben. Vielleicht unterschätzen das Einige. Außerdem: das „Geheimnis" wie Sie es nennen oder präziser der Rechenalgorithmus wird ja den Kunden nicht preisgegeben, da dies alles verschlüsselt im Gerät abläuft. Das ist ja gerade das Geniale an diesem Konzept, d. eine Nutzungsüberlassung stattfinden kann ohne etwas zu verraten. Darf ich Ihnen noch ein Geheimnis verraten: nicht einmal Daniel kennt das „Geheimnis", denn dies alles ist bei einem Notar unter Verschluss verwahrt und wird erst nach Erreichen bestimmter Kriterien an ihn freigegeben. Martin und ich wollten hier schon sicher gehen – trotz allen Vertrauens zu Daniel – dass wir auch alle Folgezahlungen erhalten werden. So profitieren alle: wir, Daniel und vor allem aber die Kunden, die für kleines Geld eine fantastische Möglichkeit haben, ihr Einkommen massiv zu steigern und damit sogar finanzielle Unabhängigkeit erreichen können.

Claudia kommt herein.

BR: Hallo Claudia, wie geht es Ihnen?

CS: Danke Barbara, hervorragend, ich komme gerade vom Golf spielen, Peter wird bald keine Chance mehr gegen mich haben (lacht). Hat Peter eigentlich erzählt, dass wir zwischenzeitlich geheiratet haben? Wir haben das ganz im Stillen und nur für uns gemacht.

BR: Herzlichen Glückwunsch dazu. Und was macht Martin?

CS: Martin ist wieder in Deutschland und hat ein Entwicklungsbüro für elektronische Bildverarbeitung gegründet. Er kann einfach nicht ohne seine Technik und Entwicklungen leben, vielleicht ergeben sich aus seiner Arbeit in Zukunft noch ganz neue Impulse für das Roulettespiel.

BR: Ich habe gehört, dass Sie nach wie vor unerkannt bleiben wollen. Ich bekomme ja immer wieder

Anfragen von TV-Stationen und Magazinen, wer denn nun dieser geheimnisvolle Peter S. ist?

PS: Auch weiterhin werde ich keinem TV-Sender zur Verfügung stehen. Es ist doch so, dass diese Magazine immer das senden, was die Zuschauer vermutlich sehen wollen. Und ein faires Konzept im Bereich „Roulette", bei dem beide Seiten Geld verdienen, passt da nicht. Es muss einen bösen Anbieter geben und einen armen Kunden, der über den Tisch gezogen wird. Und überhaupt: was hätte ich von einem solchen Interview? Auch Daniel wird sich zu diesem Thema in den Medien nicht äußern, denn das Konzept ist von Anfang an kontingentiert und es kann sowieso nur eine kleine Anzahl von Kunden teilnehmen. Das erschienene Buch ist bereits mehr, als ich ursprünglich bereit war öffentlich zu sagen.

BR: Was sind Ihre weiteren Pläne?

PS: Nach dem vielen Nichtstun ist es an der Zeit, etwas Neues umzusetzen. Wir sind gerade in der Projektierungsphase für ein sehr spannendes Gastronomie-Konzept für die Tourismus-Branche, das es in dieser Art noch nie gegeben hat. Wahrscheinlich werden wir hier sogar mit Daniel zusammenarbeiten.

BR: Vielen Dank für das Gespräch. Ich würde mich freuen, mit Ihnen in Kontakt zu bleiben.

PS. Auch Ihnen vielen Dank für die großartige Unterstützung bei diesem Buch und alles Gute.

Anzeige

Ihr persönliches Infopaket liegt kostenlos zum Abruf bereit.
Rufen Sie uns an oder faxen, mailen oder schreiben Sie uns!

Die Evolution geht weiter:

➥ Erstmals in der Geschichte des Roulettespiels steht eine absolut unauffällige Microcomputertechnik in der Größe eines Feuerzeuges zur Verfügung, die auf physikalischer Basis steuerfreie Roulettegewinne möglich macht und zwar bei **Einsätzen vor Abwurf der Kugel**!

➥ **Ziel: enorme 10% Gewinnüberschuss** bei größtmöglicher Unauffälligkeit

➥ Informieren Sie sich, sofern Sie wirklich an realen und steuerfreien Roulette-Gewinnen Interesse haben.

➥ Kein Systemverkauf, keine Spielgemeinschaft

➥ langjährige Erfolgsgeschichte

➥ Überlegene Technik der neuesten Generation

| Vorname Name |
| Straße |
| PLZ Ort |
| Land |
| E-Mail |

BR-1-2008

winnotec Consulting GmbH
Frankenstr. 152
Abteilung: BR1-2008
D- 90461 Nürnberg

Tel. 0911 / 237 92 60
Fax 0911 / 237 92 62

www.winnotec.de
info@winnotec.de

www.ingramcontent.com/pod-product-compliance
Lightning Source LLC
Chambersburg PA
CBHW031544210526
45464CB00003B/1142